THIS BOOK BELONGS TO:

....

....

THANK YOU FOR BEING OUR CUSTOMER
AND FOR YOUR SUPPORT AND TRUST
WE WANT ASK YOU IF YOU LIKE
THIS BOOK PLEASE TAKE A MOMENT TO
LEAVE A REVIEW TO HELP US TO GROW

THANK YOU

EQUIPMENT CHEKLIST

EQUIPMENT CHEKLIST

EQUIPMENT CHEKLIST

EQUIPMENT CHEKLIST

Location	_____
Date	_____ TIME _____
Companios	_____
Weather	_____
Air Temp	_____ Water Temp _____
Parking	_____

🌊 Water Condition 🌊

_____
_____
_____
_____
_____
_____
_____

Swim Distance _____

Swim Duration _____

🌊 Experience 🌊

_____
_____
_____
_____
_____
_____

Comments _____

_____
_____
_____

Location	
Date	TIME
Companios	
Weather	
Air Temp	Water Temp
Parking	

Water Condition

Swim Distance _____

Swim Duration _____

Experience

Comments _____

Location			
Date		TIME	
Companios			
Weather			
Air Temp		Water Temp	
Parking			

🐬 Water Condition 🐬

_____
_____
_____
_____
_____
_____
_____

Swim Distance _____

Swim Duration _____

🐬 Experience 🐬

_____
_____
_____
_____
_____
_____

Comments _____

_____
_____

Location	_____
Date	_____ TIME _____
Companios	_____
Weather	_____
Air Temp	_____ Water Temp _____
Parking	_____

Water Condition

_____
_____
_____
_____
_____
_____
_____
_____

Swim Distance _____

Swim Duration _____

Experience

_____
_____
_____
_____
_____
_____

Comments _____
_____
_____
_____

Location	
Date	TIME
Companios	
Weather	
Air Temp	Water Temp
Parking	

🐬 Water Condition 🐬

_____
_____
_____
_____
_____
_____
_____

Swim Distance _____

Swim Duration _____

🐬 Experience 🐬

_____
_____
_____
_____
_____
_____

Comments _____
_____
_____

Location	
Date	_____ TIME _____
Companios	
Weather	
Air Temp	_____ Water Temp _____
Parking	

Water Condition

_____
_____
_____
_____
_____
_____
_____

Swim Distance _____

Swim Duration _____

Experience

_____
_____
_____
_____
_____

Comments _____

_____
_____
_____

Location	
Date	TIME
Companios	
Weather	
Air Temp	Water Temp
Parking	

Water Condition

_____
_____
_____
_____
_____
_____
_____

Swim Distance _____

Swim Duration _____

Experience

_____
_____
_____
_____
_____

Comments _____
_____
_____

Location	
Date	TIME
Companios	
Weather	
Air Temp	Water Temp
Parking	

Water Condition

Swim Distance _____

Swim Duration _____

Experience

Comments _____

Location	_____
Date	_____ TIME _____
Companios	_____
Weather	_____
Air Temp	_____ Water Temp _____
Parking	_____

🌊 Water Condition 🌊

_____
_____
_____
_____
_____
_____
_____

Swim Distance _____

Swim Duration _____

🌊 Experience 🌊

_____
_____
_____
_____
_____

Comments _____
_____
_____
_____

Location	
Date	TIME
Companios	
Weather	
Air Temp	Water Temp
Parking	

Water Condition

_____
_____
_____
_____
_____
_____
_____

Swim Distance _____

Swim Duration _____

Experience

_____
_____
_____
_____
_____

Comments _____
_____
_____
_____

Location	
Date	TIME
Companios	
Weather	
Air Temp	Water Temp
Parking	

🐬 Water Condition 🐬

_____
_____
_____
_____
_____
_____
_____

Swim Distance _____

Swim Duration _____

🐬 Experience 🐬

_____
_____
_____
_____
_____

Comments _____
_____
_____

Location	_____
Date	_____ TIME _____
Companios	_____
Weather	_____
Air Temp	_____ Water Temp _____
Parking	_____

Water Condition

_____
_____
_____
_____
_____
_____
_____

Swim Distance _____

Swim Duration _____

Experience

_____
_____
_____
_____
_____
_____

Comments _____
_____
_____
_____

Location	_____
Date	_____	TIME	_____
Companios	_____
Weather	_____
Air Temp	_____	Water Temp	_____
Parking	_____

🐬 Water Condition 🐬

_____
_____
_____
_____
_____
_____
_____

Swim Distance _____

Swim Duration _____

🐬 Experience 🐬

_____
_____
_____
_____
_____

Comments _____

_____
_____
_____

Location	
Date	TIME
Companios	
Weather	
Air Temp	Water Temp
Parking	

Water Condition

_____
_____
_____
_____
_____
_____
_____

Swim Distance _____

Swim Duration _____

Experience

_____
_____
_____
_____
_____

Comments _____
_____
_____

Location	_____
Date	_____ TIME _____
Companios	_____
Weather	_____
Air Temp	_____ Water Temp _____
Parking	_____

🐬 Water Condition 🐬

_____
_____
_____
_____
_____
_____
_____

Swim Distance _____

Swim Duration _____

🐬 Experience 🐬

_____
_____
_____
_____
_____

Comments _____

_____
_____
_____

Location	
Date	TIME
Companios	
Weather	
Air Temp	Water Temp
Parking	

🐬 Water Condition 🐬

_____
_____
_____
_____
_____
_____
_____

Swim Distance _____

Swim Duration _____

🐬 Experience 🐬

_____
_____
_____
_____
_____

Comments _____
_____
_____

Location	_____		
Date	_____	TIME	_____
Companios	_____		
Weather	_____		
Air Temp	_____	Water Temp	_____
Parking	_____		

🌀 Water Condition 🌀

_____
_____
_____
_____
_____
_____
_____

Swim Distance _____

Swim Duration _____

🐬 Experience 🐬

_____
_____
_____
_____
_____

Comments _____

_____
_____
_____

Location	_____
Date	_____ TIME _____
Companios	_____
Weather	_____
Air Temp	_____ Water Temp _____
Parking	_____

Water Condition

_____

_____

_____

_____

_____

_____

_____

Swim Distance _____

Swim Duration _____

Experience

_____

_____

_____

_____

_____

Comments _____

_____

_____

_____

Location	
Date	_____ TIME _____
Companios	
Weather	
Air Temp	_____ Water Temp _____
Parking	

Water Condition

_____

_____

_____

_____

_____

_____

_____

Swim Distance _____

Swim Duration _____

Experience

_____

_____

_____

_____

_____

_____

Comments _____

_____

_____

_____

Location	
Date	TIME
Companios	
Weather	
Air Temp	Water Temp
Parking	

Water Condition

_____
_____
_____
_____
_____
_____
_____

Swim Distance _____

Swim Duration _____

Experience

_____
_____
_____
_____
_____

Comments _____
_____
_____

Location	
Date	_____ TIME _____
Companios	
Weather	
Air Temp	_____ Water Temp _____
Parking	

Water Condition

_____
_____
_____
_____
_____
_____
_____

Swim Distance _____

Swim Duration _____

Experience

_____
_____
_____
_____
_____
_____

Comments _____
_____
_____
_____

Location	_____
Date	_____	TIME	_____
Companios	_____
Weather	_____
Air Temp	_____	Water Temp	_____
Parking	_____

Water Condition

_____
_____
_____
_____
_____
_____
_____

Swim Distance _____

Swim Duration _____

Experience

_____
_____
_____
_____
_____

Comments _____
_____
_____
_____

Location	
Date	_____ TIME _____
Companios	
Weather	
Air Temp	_____ Water Temp _____
Parking	

🐬 Water Condition 🐬

_____

_____

_____

_____

_____

_____

_____

Swim Distance _____

Swim Duration _____

🐬 Experience 🐬

_____

_____

_____

_____

_____

Comments _____

_____

_____

Location	
Date	TIME
Companios	
Weather	
Air Temp	Water Temp
Parking	

Water Condition

_____
_____
_____
_____
_____
_____
_____

Swim Distance _____

Swim Duration _____

Experience

_____
_____
_____
_____
_____
_____

Comments _____

_____
_____
_____

Location	_____
Date	_____ **TIME** _____
Companios	_____
Weather	_____
Air Temp	_____ Water Temp _____
Parking	_____

🌊 Water Condition 🌊

_____
_____
_____
_____
_____
_____
_____

Swim Distance _____

Swim Duration _____

🌊 Experience 🌊

_____
_____
_____
_____
_____
_____

Comments _____

_____
_____

Location	
Date	TIME
Companios	
Weather	
Air Temp	Water Temp
Parking	

🐬 Water Condition 🐬

_____
_____
_____
_____
_____
_____
_____

Swim Distance _____

Swim Duration _____

🐬 Experience 🐬

_____
_____
_____
_____
_____

Comments _____
_____
_____
_____

Location	
Date	_____ TIME _____
Companios	
Weather	
Air Temp	_____ Water Temp _____
Parking	

🌊 Water Condition 🌊

_____
_____
_____
_____
_____
_____
_____

Swim Distance _____

Swim Duration _____

🌊 Experience 🌊

_____
_____
_____
_____
_____
_____

Comments _____

_____
_____
_____

Location	_____
Date	_____ TIME _____
Companios	_____
Weather	_____
Air Temp	_____ Water Temp _____
Parking	_____

🐬 Water Condition 🐬

_____
_____
_____
_____
_____
_____
_____

Swim Distance _____

Swim Duration _____

🐬 Experience 🐬

_____
_____
_____
_____
_____
_____

Comments _____

_____
_____
_____

Location	_____
Date	_____ **TIME** _____
Companios	_____
Weather	_____
Air Temp	_____ Water Temp _____
Parking	_____

🌊 Water Condition 🌊

_____
_____
_____
_____
_____
_____
_____

Swim Distance _____

Swim Duration _____

🐬 Experience 🐬

_____
_____
_____
_____
_____

Comments _____
_____
_____
_____

Location	
Date	TIME
Companios	
Weather	
Air Temp	Water Temp
Parking	

Water Condition

Swim Distance

Swim Duration

Experience

Comments

Location	
Date	_____ TIME _____
Companios	
Weather	
Air Temp	_____ Water Temp _____
Parking	

🐬 Water Condition 🐬

_____
_____
_____
_____
_____
_____
_____

Swim Distance _____

Swim Duration _____

🐬 Experience 🐬

_____
_____
_____
_____
_____

Comments _____

_____
_____
_____

Location	_____
Date	_____ TIME _____
Companios	_____
Weather	_____
Air Temp	_____ Water Temp _____
Parking	_____

🐬 Water Condition 🐬

_____
_____
_____
_____
_____
_____
_____

Swim Distance _____

Swim Duration _____

🐬 Experience 🐬

_____
_____
_____
_____
_____
_____

Comments _____

_____
_____
_____

Location	_____
Date	_____ TIME _____
Companios	_____
Weather	_____
Air Temp	_____ Water Temp _____
Parking	_____

🌊 Water Condition 🌊

_____
_____
_____
_____
_____
_____
_____

Swim Distance _____

Swim Duration _____

🌊 Experience 🌊

_____
_____
_____
_____
_____
_____

Comments _____

_____
_____
_____

Location	
Date	TIME
Companios	
Weather	
Air Temp	Water Temp
Parking	

Water Condition

_____
_____
_____
_____
_____
_____
_____

Swim Distance _____

Swim Duration _____

Experience

_____
_____
_____
_____
_____
_____

Comments _____
_____
_____

Location	
Date	_____ TIME _____
Companios	
Weather	
Air Temp	_____ Water Temp _____
Parking	

Water Condition

_____
_____
_____
_____
_____
_____
_____

Swim Distance _____

Swim Duration _____

Experience

_____
_____
_____
_____
_____

Comments _____
_____
_____
_____

Location	
Date	TIME
Companios	
Weather	
Air Temp	Water Temp
Parking	

Water Condition

_____
_____
_____
_____
_____
_____

Swim Distance _____

Swim Duration _____

Experience

_____
_____
_____
_____
_____

Comments _____

_____
_____
_____

Location	
Date	TIME
Companios	
Weather	
Air Temp	Water Temp
Parking	

Water Condition

_____
_____
_____
_____
_____
_____
_____

Swim Distance _____

Swim Duration _____

Experience

_____
_____
_____
_____
_____
_____

Comments _____
_____
_____

Location	
Date	TIME
Companios	
Weather	
Air Temp	Water Temp
Parking	

🐬 Water Condition 🐬

_____
_____
_____
_____
_____
_____
_____

Swim Distance _____

Swim Duration _____

🐬 Experience 🐬

_____
_____
_____
_____
_____
_____

Comments _____
_____
_____

Location	
Date	TIME
Companios	
Weather	
Air Temp	Water Temp
Parking	

Water Condition

_____
_____
_____
_____
_____
_____
_____

Swim Distance _____

Swim Duration _____

Experience

_____
_____
_____
_____
_____
_____

Comments _____
_____
_____
_____

Location	
Date	TIME
Companios	
Weather	
Air Temp	Water Temp
Parking	

Water Condition

_____
_____
_____
_____
_____
_____
_____
_____

Swim Distance _____

Swim Duration _____

Experience

_____
_____
_____
_____
_____
_____
_____

Comments _____
_____
_____

Location	
Date	_____ TIME _____
Companios	
Weather	
Air Temp	_____ Water Temp _____
Parking	

Water Condition

_____
_____
_____
_____
_____
_____
_____

Swim Distance _____

Swim Duration _____

Experience

_____
_____
_____
_____
_____

Comments _____

_____
_____
_____

Location	
Date	TIME
Companios	
Weather	
Air Temp	Water Temp
Parking	

Water Condition

_____
_____
_____
_____
_____
_____

Swim Distance _____

Swim Duration _____

Experience

_____
_____
_____
_____
_____

Comments _____
_____
_____

Location	_____
Date	_____ TIME _____
Companios	_____
Weather	_____
Air Temp	_____ Water Temp _____
Parking	_____

Water Condition

_____
_____
_____
_____
_____
_____
_____

Swim Distance _____

Swim Duration _____

Experience

_____
_____
_____
_____
_____
_____

Comments _____

_____
_____
_____

Location	_____
Date	_____ TIME _____
Companios	_____
Weather	_____
Air Temp	_____ Water Temp _____
Parking	_____

🐬 Water Condition 🐬

_____
_____
_____
_____
_____
_____
_____

Swim Distance _____

Swim Duration _____

🐬 Experience 🐬

_____
_____
_____
_____
_____
_____

Comments _____
_____
_____
_____

Location	_____
Date	_____	TIME	_____
Companios	_____
Weather	_____
Air Temp	_____	Water Temp	_____
Parking	_____

🌊 Water Condition 🌊

_____
_____
_____
_____
_____
_____
_____

Swim Distance _____

Swim Duration _____

🌊 Experience 🌊

_____
_____
_____
_____
_____

Comments _____

_____
_____
_____

Location	_____
Date	_____ TIME _____
Companios	_____
Weather	_____
Air Temp	_____ Water Temp _____
Parking	_____

🐬 Water Condition 🐬

_____
_____
_____
_____
_____
_____

Swim Distance _____

Swim Duration _____

🐬 Experience 🐬

_____
_____
_____
_____
_____

Comments _____
_____
_____

Location	_____	
Date	_____	TIME _____
Companios	_____	
Weather	_____	
Air Temp	_____	Water Temp _____
Parking	_____	

🐬 Water Condition 🐬

_____
_____
_____
_____
_____
_____
_____

Swim Distance _____

Swim Duration _____

🐬 Experience 🐬

_____
_____
_____
_____
_____
_____

Comments _____

_____
_____
_____

Location	_____
Date	_____ TIME _____
Companios	_____
Weather	_____
Air Temp	_____ Water Temp _____
Parking	_____

Water Condition

_____
_____
_____
_____
_____
_____
_____

Swim Distance _____

Swim Duration _____

Experience

_____
_____
_____
_____
_____
_____

Comments _____
_____
_____
_____

Location	_____
Date	_____	TIME	_____
Companios	_____
Weather	_____
Air Temp	_____	Water Temp	_____
Parking	_____

🐬 **Water Condition** 🐬

_____
_____
_____
_____
_____
_____
_____

Swim Distance _____

Swim Duration _____

🐬 **Experience** 🐬

_____
_____
_____
_____
_____

Comments _____

_____
_____
_____

Location	
Date	TIME
Companios	
Weather	
Air Temp	Water Temp
Parking	

Water Condition

Swim Distance

Swim Duration

Experience

Comments

Location	
Date	_____ TIME _____
Companios	
Weather	
Air Temp	_____ Water Temp _____
Parking	

Water Condition

_____
_____
_____
_____
_____
_____
_____

Swim Distance _____

Swim Duration _____

Experience

_____
_____
_____
_____
_____
_____

Comments _____

_____
_____
_____

Location	_____
Date	_____ TIME _____
Companios	_____
Weather	_____
Air Temp	_____ Water Temp _____
Parking	_____

Water Condition

_____
_____
_____
_____
_____
_____

Swim Distance _____

Swim Duration _____

Experience

_____
_____
_____
_____
_____

Comments _____

_____
_____
_____

Location	
Date	TIME
Companios	
Weather	
Air Temp	Water Temp
Parking	

Water Condition

_____
_____
_____
_____
_____
_____
_____
_____

Swim Distance _____

Swim Duration _____

Experience

_____
_____
_____
_____
_____
_____

Comments _____
_____
_____
_____

Location	
Date	_____ TIME _____
Companios	
Weather	
Air Temp	_____ Water Temp _____
Parking	

Water Condition

_____
_____
_____
_____
_____
_____
_____

Swim Distance _____

Swim Duration _____

Experience

_____
_____
_____
_____
_____

Comments _____
_____
_____
_____

Location	_____
Date	_____	TIME	_____
Companios	_____
Weather	_____
Air Temp	_____	Water Temp	_____
Parking	_____

Water Condition

_____

_____

_____

_____

_____

_____

_____

Swim Distance _____

Swim Duration _____

Experience

_____

_____

_____

_____

_____

_____

Comments _____

_____

_____

Location	_____
Date	_____ TIME _____
Companios	_____
Weather	_____
Air Temp	_____ Water Temp _____
Parking	_____

🐬 Water Condition 🐬

_____
_____
_____
_____
_____
_____
_____

Swim Distance _____

Swim Duration _____

🐬 Experience 🐬

_____
_____
_____
_____
_____
_____

Comments _____

_____
_____
_____

Location	
Date	_____ TIME _____
Companios	
Weather	
Air Temp	_____ Water Temp _____
Parking	

Water Condition

_____
_____
_____
_____
_____
_____
_____

Swim Distance _____

Swim Duration _____

Experience

_____
_____
_____
_____
_____
_____

Comments _____

_____
_____
_____

Location	
Date	TIME
Companios	
Weather	
Air Temp	Water Temp
Parking	

🐬 Water Condition 🐬

Swim Distance
Swim Duration

🐬 Experience 🐬

Comments

Location	_____
Date	_____ **TIME** _____
Companios	_____
Weather	_____
Air Temp	_____ Water Temp _____
Parking	_____

Water Condition

_____
_____
_____
_____
_____
_____
_____

Swim Distance _____

Swim Duration _____

Experience

_____
_____
_____
_____
_____
_____

Comments _____

_____
_____
_____

Location	_____
Date	_____ TIME _____
Companios	_____
Weather	_____
Air Temp	_____ Water Temp _____
Parking	_____

🐬 Water Condition 🐬

_____
_____
_____
_____
_____
_____
_____

Swim Distance _____

Swim Duration _____

🐬 Experience 🐬

_____
_____
_____
_____
_____
_____

Comments _____
_____
_____
_____

Location	_____
Date	_____ TIME _____
Companios	_____
Weather	_____
Air Temp	_____ Water Temp _____
Parking	_____

🐬 Water Condition 🐬

_____
_____
_____
_____
_____
_____
_____

Swim Distance _____

Swim Duration _____

🐬 Experience 🐬

_____
_____
_____
_____
_____
_____

Comments _____

_____
_____
_____

Location	
Date	_____ TIME _____
Companios	
Weather	
Air Temp	_____ Water Temp _____
Parking	

🐬 Water Condition 🐬

_____
_____
_____
_____
_____
_____

Swim Distance _____
Swim Duration _____

🐬 Experience 🐬

_____
_____
_____
_____
_____

Comments _____
_____
_____

Location	
Date	_____ TIME _____
Companios	
Weather	
Air Temp	_____ Water Temp _____
Parking	

Water Condition

_____
_____
_____
_____
_____
_____
_____

Swim Distance _____

Swim Duration _____

Experience

_____
_____
_____
_____
_____
_____

Comments _____

_____
_____
_____

Location	
Date	TIME
Companios	
Weather	
Air Temp	Water Temp
Parking	

Water Condition

_____
_____
_____
_____
_____
_____
_____

Swim Distance _____

Swim Duration _____

Experience

_____
_____
_____
_____
_____
_____

Comments _____

_____
_____
_____

Location	
Date	_____ TIME _____
Companios	
Weather	
Air Temp	_____ Water Temp _____
Parking	

🐬 Water Condition 🐬

_____
_____
_____
_____
_____
_____
_____

Swim Distance _____

Swim Duration _____

🐬 Experience 🐬

_____
_____
_____
_____
_____
_____

Comments _____
_____
_____

Location	
Date	TIME
Companios	
Weather	
Air Temp	Water Temp
Parking	

Water Condition

_____
_____
_____
_____
_____
_____
_____

Swim Distance _____

Swim Duration _____

Experience

_____
_____
_____
_____
_____

Comments _____
_____
_____

Location	
Date	_____ TIME _____
Companios	
Weather	
Air Temp	_____ Water Temp _____
Parking	

Water Condition

_____
_____
_____
_____
_____
_____
_____

Swim Distance _____

Swim Duration _____

Experience

_____
_____
_____
_____
_____

Comments _____
_____
_____
_____

Location	
Date	TIME
Companios	
Weather	
Air Temp	Water Temp
Parking	

Water Condition

Swim Distance

Swim Duration

Experience

Comments

Location	_____		
Date	_____	TIME	_____
Companios	_____		
Weather	_____		
Air Temp	_____	Water Temp	_____
Parking	_____		

Water Condition

_____
_____
_____
_____
_____
_____

Swim Distance _____

Swim Duration _____

Experience

_____
_____
_____
_____
_____

Comments _____
_____
_____

Location	_____
Date	_____ TIME _____
Companios	_____
Weather	_____
Air Temp	_____ Water Temp _____
Parking	_____

Water Condition

_____
_____
_____
_____
_____
_____

Swim Distance _____

Swim Duration _____

Experience

_____
_____
_____
_____
_____

Comments _____
_____
_____
_____

Location	
Date	_____ TIME _____
Companios	
Weather	
Air Temp	_____ Water Temp _____
Parking	

Water Condition

_____
_____
_____
_____
_____
_____
_____

Swim Distance _____

Swim Duration _____

Experience

_____
_____
_____
_____
_____

Comments _____

_____
_____
_____

Location	
Date	TIME
Companios	
Weather	
Air Temp	Water Temp
Parking	

Water Condition

Swim Distance _____

Swim Duration _____

Experience

Comments

Location	
Date	_____ TIME _____
Companios	
Weather	
Air Temp	_____ Water Temp _____
Parking	

Water Condition

_____
_____
_____
_____
_____
_____
_____

Swim Distance _____

Swim Duration _____

Experience

_____
_____
_____
_____
_____

Comments _____

_____
_____

Location	_____
Date	_____ TIME _____
Companios	_____
Weather	_____
Air Temp	_____ Water Temp _____
Parking	_____

🐬 Water Condition 🐬

_____
_____
_____
_____
_____
_____

Swim Distance _____

Swim Duration _____

🐬 Experience 🐬

_____
_____
_____
_____
_____

Comments _____
_____
_____

Location	_____
Date	_____ TIME _____
Companios	_____
Weather	_____
Air Temp	_____ Water Temp _____
Parking	_____

🐬 Water Condition 🐬

_____
_____
_____
_____
_____
_____
_____

Swim Distance _____

Swim Duration _____

🐬 Experience 🐬

_____
_____
_____
_____
_____

Comments _____

_____
_____
_____

Location	_____
Date	_____ TIME _____
Companios	_____
Weather	_____
Air Temp	_____ Water Temp _____
Parking	_____

Water Condition

_____
_____
_____
_____
_____
_____

Swim Distance _____

Swim Duration _____

Experience

_____
_____
_____
_____
_____

Comments _____

_____
_____
_____

Location	_____
Date	_____	TIME	_____
Companios	_____
Weather	_____
Air Temp	_____	Water Temp	_____
Parking	_____

🐬 Water Condition 🐬

_____
_____
_____
_____
_____
_____
_____

Swim Distance _____

Swim Duration _____

🐬 Experience 🐬

_____
_____
_____
_____
_____

Comments _____

_____
_____
_____

Location	
Date	TIME
Companios	
Weather	
Air Temp	Water Temp
Parking	

🐬 Water Condition 🐬

_____
_____
_____
_____
_____
_____
_____

Swim Distance _____

Swim Duration _____

🐬 Experience 🐬

_____
_____
_____
_____
_____
_____

Comments _____

_____
_____
_____

Location	
Date	_____ TIME _____
Companios	
Weather	
Air Temp	_____ Water Temp _____
Parking	

🐬 Water Condition 🐬

_____
_____
_____
_____
_____
_____

Swim Distance _____

Swim Duration _____

🐬 Experience 🐬

_____
_____
_____
_____
_____

Comments _____

_____
_____

Location	_____
Date	_____ TIME _____
Companios	_____
Weather	_____
Air Temp	_____ Water Temp _____
Parking	_____

Water Condition

_____
_____
_____
_____
_____
_____
_____

Swim Distance _____

Swim Duration _____

Experience

_____
_____
_____
_____
_____

Comments _____

_____
_____
_____

Location	
Date	TIME
Companios	
Weather	
Air Temp	Water Temp
Parking	

🐬 Water Condition 🐬

Swim Distance _____

Swim Duration _____

🐬 Experience 🐬

Comments _____

Location	_____
Date	_____ TIME _____
Companios	_____
Weather	_____
Air Temp	_____ Water Temp _____
Parking	_____

🐬 Water Condition 🐬

_____
_____
_____
_____
_____
_____
_____

Swim Distance _____

Swim Duration _____

🐬 Experience 🐬

_____
_____
_____
_____
_____
_____

Comments _____

_____
_____

Location	
Date	TIME
Companios	
Weather	
Air Temp	Water Temp
Parking	

🐬 Water Condition 🐬

_____
_____
_____
_____
_____
_____
_____

Swim Distance _____

Swim Duration _____

🐬 Experience 🐬

_____
_____
_____
_____
_____

Comments _____

_____
_____
_____

Location	
Date	TIME
Companios	
Weather	
Air Temp	Water Temp
Parking	

🐬 Water Condition 🐬

Swim Distance

Swim Duration

🐬 Experience 🐬

Comments

Location	
Date	TIME
Companios	
Weather	
Air Temp	Water Temp
Parking	

🌊 Water Condition 🌊

_____

_____

_____

_____

_____

_____

_____

Swim Distance _____

Swim Duration _____

🌊 Experience 🌊

_____

_____

_____

_____

_____

Comments _____

_____

_____

_____

Location	_____
Date	_____ TIME _____
Companios	_____
Weather	_____
Air Temp	_____ Water Temp _____
Parking	_____

Water Condition

_____
_____
_____
_____
_____
_____
_____

Swim Distance _____

Swim Duration _____

Experience

_____
_____
_____
_____
_____
_____

Comments _____
_____
_____

Location	
Date	TIME
Companios	
Weather	
Air Temp	Water Temp
Parking	

Water Condition

_____

Swim Distance _____

Swim Duration _____

Experience

_____

Comments _____

Location	_____
Date	_____ TIME _____
Companios	_____
Weather	_____
Air Temp	_____ Water Temp _____
Parking	_____

Water Condition

_____
_____
_____
_____
_____
_____
_____

Swim Distance _____

Swim Duration _____

Experience

_____
_____
_____
_____
_____

Comments _____

_____
_____
_____

Location	
Date	TIME
Companios	
Weather	
Air Temp	Water Temp
Parking	

Water Condition

Swim Distance

Swim Duration

Experience

Comments

Location	_____
Date	_____	TIME	_____
Companios	_____
Weather	_____
Air Temp	_____	Water Temp	_____
Parking	_____

🐬 Water Condition 🐬

_____
_____
_____
_____
_____
_____
_____

Swim Distance _____

Swim Duration _____

🐬 Experience 🐬

_____
_____
_____
_____
_____

Comments _____
_____
_____
_____

Location	
Date	TIME
Companios	
Weather	
Air Temp	Water Temp
Parking	

🌊 Water Condition 🌊

_____
_____
_____
_____
_____
_____
_____
_____

Swim Distance _____

Swim Duration _____

🌊 Experience 🌊

_____
_____
_____
_____
_____
_____

Comments _____

_____
_____
_____

Location	
Date	TIME
Companios	
Weather	
Air Temp	Water Temp
Parking	

Water Condition

_____
_____
_____
_____
_____
_____
_____

Swim Distance _____

Swim Duration _____

Experience

_____
_____
_____
_____
_____

Comments _____
_____
_____

Location	
Date	TIME
Companios	
Weather	
Air Temp	Water Temp
Parking	

Water Condition

_____
_____
_____
_____
_____
_____
_____
_____

Swim Distance _____

Swim Duration _____

Experience

_____
_____
_____
_____
_____
_____

Comments _____
_____
_____
_____

Location	_____
Date	_____	TIME	_____
Companios	_____
Weather	_____
Air Temp	_____	Water Temp	_____
Parking	_____

Water Condition

_____
_____
_____
_____
_____
_____
_____

Swim Distance _____

Swim Duration _____

Experience

_____
_____
_____
_____
_____
_____

Comments _____
_____
_____
_____

Location	
Date	TIME
Companios	
Weather	
Air Temp	Water Temp
Parking	

Water Condition

_____
_____
_____
_____
_____
_____
_____
_____

Swim Distance _____

Swim Duration _____

Experience

_____
_____
_____
_____
_____
_____

Comments _____
_____
_____
_____

Location	_____
Date	_____	TIME	_____
Companios	_____
Weather	_____
Air Temp	_____	Water Temp	_____
Parking	_____

🐬 Water Condition 🐬

_____
_____
_____
_____
_____
_____
_____
_____

Swim Distance _____

Swim Duration _____

🐬 Experience 🐬

_____
_____
_____
_____
_____
_____

Comments _____

_____
_____
_____

Location	
Date	TIME
Companios	
Weather	
Air Temp	Water Temp
Parking	

Water Condition

_____
_____
_____
_____
_____
_____
_____
_____

Swim Distance _____

Swim Duration _____

Experience

_____
_____
_____
_____
_____
_____

Comments _____

_____
_____
_____

Location	
Date	TIME
Companios	
Weather	
Air Temp	Water Temp
Parking	

Water Condition

_____

_____

_____

_____

_____

_____

_____

Swim Distance _____

Swim Duration _____

Experience

_____

_____

_____

_____

_____

Comments _____

_____

_____

Location	
Date	_____ TIME _____
Companios	
Weather	
Air Temp	_____ Water Temp _____
Parking	

Water Condition

_____

_____

_____

_____

_____

_____

_____

Swim Distance _____

Swim Duration _____

Experience

_____

_____

_____

_____

_____

Comments _____

_____

_____

_____

Location	
Date	TIME
Companios	
Weather	
Air Temp	Water Temp
Parking	

Water Condition

Swim Distance _____

Swim Duration _____

Experience

Comments _____

Location	
Date	TIME
Companios	
Weather	
Air Temp	Water Temp
Parking	

Water Condition

_____
_____
_____
_____
_____
_____
_____
_____

Swim Distance _____

Swim Duration _____

Experience

_____
_____
_____
_____
_____

Comments _____
_____
_____
_____

Location	
Date	TIME
Companios	
Weather	
Air Temp	Water Temp
Parking	

🐬 Water Condition 🐬

Swim Distance _____

Swim Duration _____

🐬 Experience 🐬

Comments _____

Location	
Date	TIME
Companios	
Weather	
Air Temp	Water Temp
Parking	

🌀 Water Condition 🌀

_____
_____
_____
_____
_____
_____
_____
_____

Swim Distance _____

Swim Duration _____

🌀 Experience 🌀

_____
_____
_____
_____
_____
_____
_____

Comments _____

_____
_____
_____

Location	_____
Date	_____ TIME _____
Companios	_____
Weather	_____
Air Temp	_____ Water Temp _____
Parking	_____

🐬 Water Condition 🐬

_____
_____
_____
_____
_____
_____

Swim Distance _____

Swim Duration _____

🐬 Experience 🐬

_____
_____
_____
_____
_____

Comments _____
_____
_____
_____

Location	
Date	_____ TIME _____
Companios	
Weather	
Air Temp	_____ Water Temp _____
Parking	

🐬 Water Condition 🐬

_____
_____
_____
_____
_____
_____
_____

Swim Distance _____

Swim Duration _____

🐬 Experience 🐬

_____
_____
_____
_____
_____
_____

Comments _____

_____
_____
_____

Location	
Date	TIME
Companios	
Weather	
Air Temp	Water Temp
Parking	

🐬 Water Condition 🐬

Swim Distance _____

Swim Duration _____

🐬 Experience 🐬

Comments _____

Location	
Date	_____ TIME _____
Companios	
Weather	
Air Temp	_____ Water Temp _____
Parking	

Water Condition

_____
_____
_____
_____
_____
_____
_____
_____

Swim Distance _____

Swim Duration _____

Experience

_____
_____
_____
_____
_____

Comments _____
_____
_____
_____

Location	_____
Date	_____	TIME	_____
Companios	_____
Weather	_____
Air Temp	_____	Water Temp	_____
Parking	_____

Water Condition

_____
_____
_____
_____
_____
_____
_____

Swim Distance _____

Swim Duration _____

Experience

_____
_____
_____
_____
_____
_____

Comments _____
_____
_____
_____

Location	
Date	TIME
Companios	
Weather	
Air Temp	Water Temp
Parking	

Water Condition

_____
_____
_____
_____
_____
_____
_____

Swim Distance _____

Swim Duration _____

Experience

_____
_____
_____
_____
_____
_____

Comments _____
_____
_____

Location	_____
Date	_____ TIME _____
Companios	_____
Weather	_____
Air Temp	_____ Water Temp _____
Parking	_____

🐬 Water Condition 🐬

_____
_____
_____
_____
_____
_____

Swim Distance _____

Swim Duration _____

🐬 Experience 🐬

_____
_____
_____
_____
_____

Comments _____
_____
_____

Location	
Date	TIME
Companios	
Weather	
Air Temp	Water Temp
Parking	

🌀 Water Condition 🌀

_____

_____

_____

_____

_____

_____

_____

Swim Distance _____

Swim Duration _____

🌀 Experience 🌀

_____

_____

_____

_____

_____

Comments _____

_____

_____

_____

Location	_____
Date	_____	TIME	_____
Companios	_____
Weather	_____
Air Temp	_____	Water Temp	_____
Parking	_____

Water Condition

_____
_____
_____
_____
_____
_____
_____

Swim Distance _____

Swim Duration _____

Experience

_____
_____
_____
_____
_____
_____

Comments _____
_____
_____
_____

Location	
Date	TIME
Companios	
Weather	
Air Temp	Water Temp
Parking	

Water Condition

_____
_____
_____
_____
_____
_____
_____

Swim Distance _____

Swim Duration _____

Experience

_____
_____
_____
_____
_____

Comments _____
_____
_____
_____

Location	
Date	_____ TIME _____
Companios	
Weather	
Air Temp	_____ Water Temp _____
Parking	

🐬 Water Condition 🐬

_____
_____
_____
_____
_____
_____
_____

Swim Distance _____

Swim Duration _____

🐬 Experience 🐬

_____
_____
_____
_____
_____

Comments _____
_____
_____
_____